有生之年值得一看的

世界绝美植物园

浙江摄影出版社

[日] 木谷美咲 著　周功钊 译

目录 *Contents*

亚洲及大洋洲
ASIA & OCEANIA

※ 本书中的信息收录至 2016 年 3 月。开园时间等信息可能会在之后的时间里发生变化，特此说明。

※ 书中记载的植物园门票参考的是成人的费用。也会存在因年龄不同而调整门票价格的情况，特此说明。

※ 本书中的植物通常是以那些常被使用、广为人知的名称来记录，如果出现陌生或不熟悉的情况，文中将以外文备注说明。

作者　木谷美咲

　　食虫植物爱好者、作家。初次遇见食虫植物后就被其形态和生活状态所吸引。之后就开始疯狂迷恋食虫植物，其活动范围也扩展到出演电视剧和杂志专栏连载等方面。专著有《神奇植物》（山和溪谷出版社）、《我是食虫植物的奴隶》（周三出版社）、《捕蝇草君和奇妙食虫植物的世界》（VNC）、《肉食瓶子草的准备书》（诚文堂新光社）等，合作著书有《改变人生！特选50道昆虫料理》（和内山昭一氏合著/山和溪谷出版社）等。也现身于《森田俱乐部》《中川翔子的狂热分子访谈》等电视、电台和文艺活动中。

编者　森田高尚

　　日本植物园协会名誉会员、中部复建有限公司技术顾问。1946年出生于爱知县。三重大学林学专业毕业后，就职于名古屋市绿化部，曾担任东山植物园园长和绿化部部长。退休后，担任中部电力有限公司的名古屋港野花花园矢车菊园长。2015年，获名古屋工业大学工学硕士。著有《园长的园庭生活》一书。在其官方博客中连载有"日本中部公司的土木文化"一文。

装帧设计
山田知子（chichols）

让我们走进植物园

在小学三年级的时候，父母带我去了伊豆的热川香蕉鳄鱼园，那是我出生以来第一次游植物园。记得在小时候，除了对植物园名字留有印象外，还能回想起当时看到的鳄鱼和植物。从那以后，我爷爷就开始收集仙人掌，父亲开始热衷于饲养热带鱼，我的身边开始充斥着各种动植物。随之而来的却是我渐渐远离了植物园。但是，自从在2005年遇到了食虫植物，并在同年有幸来到梦想中的海岛热带植物园，参加食虫植物栽培的讲座，并在之后游走于各个植物园开设的食虫植物展卖会，我顿时觉得植物园又离我越来越近了。当我不再是作为观光客，而是开始作为销售方参加这类展卖会时，我很多时候是一整天待在植物园里的，于是有机会看见园内的各种名贵植物。除了食虫植物，我对那些非常新奇的植物也开始产生浓厚的兴趣。

因为正准备出一本关于食虫植物的书，我奔波于不同的植物园进行资料收集和摄影工作。2014年和2015年，我分别在神奈川县立大船市花卉中心和神奈川县立花菜园参加了关于食虫植物的捕食解说和栽培的工作坊，同样也参加了食虫植物绘本的朗读会。在自己可支配的时间里，当听说泰坦魔芋花开花了，我一定会去看；当听说有多肉植物和野生观赏草本植物的展示会，我也会很快赶过去。一年中，至少会有10个地方是我最喜欢参观的。

我常会观察人们来植物园的目的，有亲子出行、拍照片、描绘风景、布置展卖会等，从只是来求个新鲜到对植物的痴狂热爱，可以看出这种对植物的喜爱与年龄无关，影响甚广。

本书所选择介绍的40所植物园，有我去过好几次的，也有我没能去成的，但是它们都是全世界最有魅力的植物园。书中的照片非常漂亮，希望那些对植物并不熟悉的人也能从中得到享受。

　　我现在来概括地讲讲植物园究竟是怎样一个地方。植物园最初的目的只有一个，那就是进行植物分类学和生物学的研究。所以，在这里所要做的并不只是制作植物叶片标本，而是要采集那些鲜活的植物样本。那些植物会被贴上写有学名的标签，可供游人一边欣赏，一边学习。其中的欣赏环节开始慢慢转变为供市民休闲的场所。

　　植物园的前身可以说是古埃及和古希腊王族和贵族用来收集珍稀植物的庄园。相比于植物园不分对象和目的，只是用来观赏植物、享乐其中的状况，古代那种只是服务于个人的空间，只能说是一种狭义的植物园。之后的欧洲中世纪，医学的起源带来了药用植物学的研究，一些修道院开始设立草药园等。这类草药园可以说是作为研究机构的近代植物园的发端。

　　到了近代欧洲，对于资源保护以及对博物学的关注度开始提高，每个国家都开始派遣"植物猎手"到世界各地去搜寻、采集各种植物并携带回国。随着近代的技术革新，世界各地开始出现用来培育和展示植物的温室建筑，并一直影响至今。

　　如今，植物园的作用正在慢慢扩大。出现了诸如夏威夷大学附属丽昂植物园和箱根湿地花园这类为环境保护而建的自然生态园。以及如摩纳哥热带植物园和热川香蕉鳄鱼园等专门收集特定类别植物的植物园。除此之外，还有如新加坡作为观光旅游地的娱乐型植物园以及伊甸园项目这样的主题性植物园。

　　无论如何，人们以不同的方式来体验植物园，有着无穷无尽的乐趣。话说至此，我们可以跟随照片开始环游世界各地的植物园了。最后，真心希望大家能够一直享受其中的乐趣。

　　　　　　　　　　　　　　木谷美咲

AMERICAS

美洲大陆

布查特花园

维多利亚/加拿大

THE BUTCHART GARDENS

人们不会想到，这处美丽的"洼地庭园"过去曾是一片荒芜的土地。随着四季更迭栽培不同的植物，在一年之中能看到各种色彩斑斓的花朵。

洼地庭园的主题颜色是紫色。花坛中除了紫色的勿忘草和珍贵的紫色杜鹃花等，还栽培了其他以主题色为基调的各种色彩的花朵。

实现了"将荒地赋予绿色"的想法
花朵璀璨绽放的庭园

该植物园位于加拿大英属哥伦比亚省省府，一个有着丰富绿色资源的维多利亚市。开创这个植物园的是水泥企业经营者罗伯特·皮姆·布查特的夫人，她希望将这片曾作为水泥生产的荒地——石灰岩挖掘地——恢复成绿地。通过搜集世界各地珍奇的园艺植物来将荒地改造成庭园。

到目前为止，在加拿大的国家指定历史遗迹中，"洼地庭园""玫瑰园""日本庭园""意大利庭园""地中海庭园"这五处庭园共占地22万平方米，拥有园艺植物900种。这里要注意的是，在日本庭园能看见蓝色的罂粟园。虽然它是生长在喜马拉雅山脉的野生植物，但还是栽培在了作为亚洲区域的日本庭园里。作为一种高山植物，种植在绝大多数是低海拔地区的日本，还是挺有难度的。我十分渴望看见这种花。

地址：800 Benvnuto AvenueBrentwood Bay，BC V8M 1J8
电话：1 866 652 4422
开园时间：9点—（闭园时间根据季节变化调整）
门票：17.75—32.15 美元（根据季节变化调整）
http://www.butchartgardens.com/jp

POINT

1

在日本庭园中能看到来自爱丁堡玫瑰植物园（苏格兰）的、极为稀缺的蓝色罂粟群。园中餐厅的名字也改为了"蓝色罂粟"，非常受欢迎。

POINT

2

动态喷泉"罗斯喷泉"能把水喷射到21米的高空。这是布查特的孙子伊恩·罗斯为了纪念开园60周年特地修建的喷泉。

POINT

3

入口设置有传统鸟居的日本庭园，是由日本造园家岸田伊三郎于1906年协力建造完成的。秋天的枫树和银杏构成了美丽的色彩。

纽约植物园

纽约/美国

NEW YORK BOTANICAL GARDEN

这是维多利亚王朝时期样式
的"伊妮德·A. 豪普特温室",
其正前方的人工池面上漂浮着的
热带睡莲和大王莲等水生植物是
整个植物园的标志。

1916 年，由造园家比
阿特丽斯·费朗特建造的贝
吉·洛克菲勒玫瑰园中，超
过 650 个品种的玫瑰绚丽绽
放，产生了浓郁的花香。

这里可以说是"植物世界的百货商店"
美国最大的植物园

世界三大植物园之一。这个占地约 100 万平方米的植物园拥有 50 个庭园，收集了世界各地超过 15000 种植物，真的可以说是"植物世界的百货商店"。植物标本馆中藏有 700 万个标本，研究资料室中还保存了佩里的黑船舰队在日本所收集的植物标本。作为研究设施，其另一个功能是在园内作为提供展示会、文化活动以及市民交流的场所。特别要留意的是，温室菊花展览会中那些非常吸引眼球的巨大菊花盆栽。一般的盆栽需要经历几十年的长期照料才得以完成，但是作为一次开花后就枯萎的菊花，只能用一年的时间来经营，每天的修剪也是必不可少的，所以它比一般的盆栽要花更多的精力。能够将日本菊花在美国的土地上利用盆栽的传统手法绚丽绽放，要归功于当地园丁精湛的技术和天赋。

地址：2900 Southern Blvd, Bronx, NY 10458
电话：1 718 817 8700
开园时间：10 点—18 点
门票：20 美元
www.nybg.org/

POINT
1

在温室的菊花展览会中，能够看到只有在日本菊花展览会中才出现的传统"崖造"，以及在一棵茎秆上开出几百支花的"大造"等一系列技术精湛的作品。

POINT
2

2013 年，温室的门前放置了一尊名为"四季"的胸像，其作者是电影导演菲利普·哈斯。他经常利用艺术和植物相结合的形式在一些文化活动中进行展示。

POINT
3

在假日火车展中，人们可以看到那些铁轨列车穿梭于纽约一些著名地点的模型中。这个受人喜爱的展览每年冬天在温室内举办，尤其吸引儿童和列车模型爱好者。

长木花园

03 　葛尼特广场/美国
　　LONGWOOD GARDENS

通向主温室的园路色彩斑斓，两侧种植着如海棠花这样花色鲜艳的园艺植物。随着不同的季节，百合和郁金香也会竞相绽放。

在众多的温室中，棕榈花房的屋顶是最高的。你可以在里面看到巨大的棕榈树，以及在棕榈边上生长的兰科大叶植物——旅人蕉。

宾夕法尼亚州肯尼特广场
能够感受到文雅和品位的园艺植物园

美国化学公司"杜邦"创始人的父亲，经济学家皮埃尔·杜邦购买了土地，收集了世界上各种园艺植物并建造了这个植物园。

这个美国人引以为豪的植物园，占地436万平方米，拥有1万种以上的植物。椿树园中的椿树是法国和比利时的品种，可以看出杜邦对于故乡法国的思念。中庭池水中漂浮的长木大王莲十分引人注目。大王莲这种罕见的水生植物有着很强的浮力，甚至能够承载儿童的重量，由于改良了园内的品种，庭园遂以此植物来命名。我非常想去看一下这些来自原生地的植物品种。庭园内部装饰也十分奢华，通向温室的路上建造了美丽的花坛，并铺设了地砖，以凸显植物。在如此细致的规划中，将植物园任何一处截取出来都是一幅画。

地址：1001 Longwood Road, Kennett Square, PA 19348
电话：1 610 388 1000
开园时间：9点—17点
门票：20美元（圣诞节27美元）
http://longwoodgardens.org/

POINT
1

在这个植物茂密的兰科植物庭园里，展示有栽培60年以上的古老品种以及热带兰科植物。绽放的兰花，无论什么品种、无论种植在何处，都具有感官上的吸引力。

POINT
2

2010年建造的"绿墙"有4米高，长度超过90米，为北美之冠。通过所使用的47000株植物所释放的氧气来起到净化空气的效果。

POINT
3

长木大王莲看起来像是一个巨大的盆。这是由大王莲和巴拉圭王莲杂交而成的独特品种。好想去这个地方看一眼！

布鲁克林植物园

布鲁克林 / 美国

BROOKLYN BOTANIC GARDEN

朱红色的鸟居停浮在水中，遥望远处的樱树林。站在布鲁克林植物园中的日本庭园，一眼就能想起日本的景色。朴素的鸟居像极了严岛神社。

日本和美国的邦交基础
日本式的筑山林泉庭园呈现出有机之美

19 世纪以来，美洲和欧洲植物园中建造了不少的日本庭园，作为代表东方文化的一部分。这处设立于 1910 年的庭园是美国国家植物园中最早建造起来的。该庭园由造园家盐田武雄负责，并于 1915 年建造完成。庭园中有一片巨大水池，其中心是朱红色的鸟居，另外还配以假山的营造。这种和欧洲几何学样式设计完全不一样的庭园，对于当地人来说有着强烈的异国情调。

除此之外，还有与日本有着密切关系的内容——园内种了许多樱花树，每年樱花节的时候都会由当地人装扮、展演日本文化，比如太鼓和雅乐、盆栽和插花等。"C.V. 星盆栽博物馆"中展示着百年树龄的盆栽，十分秀丽。建筑室内还铺上了砂石，以突出盆栽之美。这些室内空间的精心设计，让人近距离感受到日本园林的氛围。

地址：990 Washington Ave, Brooklyn, NY 11225
电话：1 718 623 7200
开园时间：8 点—18 点（时间根据季节变化调整）
门票：12 美元
www.bbg.org/

POINT

1

这是美国最早建造的用于公共植物园的日本样式筑山林泉庭园。锦鲤畅游在水池中，还能看到太鼓桥、藤架、稻荷堂以及由东京都赠送的石灯笼。

POINT

2

园中种植的樱树林十分有名。樱花节的时候，220 多株染井吉野和白妙相继绽放，届时樱花飞舞，游步道上来观赏樱花的人也会络绎不绝。

POINT

3

"C.V. 星盆栽博物馆"中收集了超过 350 棵盆栽，其中一棵树龄 300 年以上的、非常华丽的五叶松盆栽在日本都很难看到。

夏威夷大学附属丽昂植物园

马诺阿/美国

THE LYON ARBORETUM AND BOTANICAL GARDEN

"夏威夷民族植物学庭园"里栽培了夏威夷传统的药用和食用植物，其中作为主食的芋头，其叶子长得尤为茂盛。

夏威夷庭园和热带雨林的完美融合
自然和人类和谐共处的乐园

夏威夷大学附属植物园的正式名称是"哈罗德·L.丽昂林木园"。这处1972年对外开放的植物园，之前归属于夏威夷农业研究中心的HSPA（1918年成立的夏威夷甘蔗农园主协会）。植物园名称中的哈罗德·L.丽昂，是HSPA创始团队中的植物学家，他将2000种树木移植进来，进行植物的病理学研究。园内绝大部分面积都辟为自然的热带雨林，并根据其原有形态来规划庭园。虽然夏威夷给人最深的印象是观光旅游，但是在园内却仍然能够感受到原始热带雨林的氛围，并可以看到夏威夷特有的野生植物。我十分想来这里漫步，享受其中的乐趣。在整个庭园中，除了凤梨科植物园以及栽培用于生产肉豆蔻和姜等香料的"草药和香料园"外，还有由农园主协会设立的"儿童花园"，孩子们可以在其中体验并学习农业活动。

地址：3860 Manoa Road, Honolulu, HI
电话：808 988 0456
开园时间：8点—16点（周六—15点）周日及节假日休息
门票：22美元
https://manoa.hawaii.edu/lyonarboretum/

POINT

1

在园内能看到一种开白色花朵的纯种芙蓉花，它在当地被称为"白木槿"。在节假日的植物和工艺品市场里，可以买到这种芙蓉花的苗。

POINT

2

园中种植了一种很特殊的、被命名为"黑猫"的箭根薯植物，此花开花之时就如猫脸一般。其地下部分长有可以食用的马铃薯。

POINT

3

"凤梨园"中密集种植了开着色彩斑斓花朵的凤梨科植物。在这里能体验到亲近原生态的感觉。

麦德林植物园

麦德林/哥伦比亚

JARDIN BOTANICO DE MEDELIN

由六角形板片构成、造型
新颖的建筑物——"兰景园"
（Orquideorama）是这个植物园
的标志。园中栽培有蕨类、兰科、
食虫植物以及芙蓉等秀美的植物。

哥伦比亚是世界第二大花卉出口国。每年夏天，城市街巷里都会举办盛大的花卉节。会场中除了能看到兰科植物外，还能欣赏到用花朵装饰的日本花房。

引以为豪的麦德林花街
极具个性的兰科植物展示馆"兰景园"

该植物园位于哥伦比亚第二大城市麦德林。在这处占地 14 万平方米的植物园中，可以看到包括安第斯树林在内的 1000 余种野生植物和展示植物。在日本耳熟能详的卡特兰和文心兰等兰科植物，其原产地是哥伦比亚。每年在麦德林城中举办大型花卉节时，作为植物园标志建筑的"兰景园"自然成了兰科植物的展览会场。届时如果能够参加哥伦比亚兰科协会举办的品评会，还能看到非常稀缺的野生兰科植物。和别的花相比，兰科植物花卉的物种结构很复杂，有很多极有个性、形态多样的品种。我经常会去"东京巨蛋"参观在那里举办的兰科植物展，但还是希望能在麦德林举办花卉节的时候来看看这些来自原产地的兰科植物。"兰景园"一词也代表了兰科植物展示馆的意思，即让人们来关注兰科植物。

地址：Calle 73 D 14. Medellín
电话：57 4 444 5500
开园时间：9 点—（闭园时间根据季节变化调整）
门票：免费
www.botanicomedellin.org/

POINT

1

花卉种植园中的红掌种类十分丰富，佛焰苞是其最明显的特征。虽然能在日本插花中经常看到这种植物，但是其原产地却是在哥伦比亚。

POINT

2

盛开黄色花朵的美洲黄莲原产于哥伦比亚，园内湖泊中混杂了别的水生植物，以衬托美洲黄莲。我十分想漫步湖边，看看这些在日本看不到的植物。

POINT

3

"文心兰"是日本插花中常用的一种兰科植物，其原产地是哥伦比亚。我一定要来目睹一下原产地的花开出来是什么样的。

里约热内卢植物园

Botanical garden
07

里约热内卢/巴西

JARDIM BOTÂNICO DO RIO DE JANEIRO

024

用兰科植物装饰的温室犹
如宫殿一般。1998 年改造之
际，园内种植了大量巴西产的
兰科植物。

拥有大西洋森林般的热带雨林
从这里能够看到丰富的生态系统

联合国于 1992 年指定这里为生物环境保护区，其 137 万平方米的占地面积内有一半是自然林木，能看到大约 6500 种植物。葡萄牙国王于 1808 年设立了该植物园，起初是为了种植从西印度群岛引进的香料，1822 年对外开放。除了棕榈树外，园内还种植了约 900 种棕榈的同类植物，其中有一种看似是莓果类，实际是棕榈的同科巴西莓棕榈树。这里最引人注目的是巴西原产的炮弹树。作为一种直接在树干上开花的植物，其结果的样子就像是长了许多的囊肿。虽然有点丑陋，但是十分有趣。菊花科的金花忍冬是巴西原产的珍稀植物，其盛开的橙色花朵形态巨大。结有黑色果实的巴西葡萄树也是巴西原产的"老茎生花植物"，在巴西十分受欢迎。

地址：1008 – Jardim Botânico, Rio de Janeiro
电话：55 21 3874 1808
开园时间：8 点—17 点
门票：9 雷亚尔
http://www.jbrj.gov.br/

POINT

1

炮弹树十分引人注目，这种巴西原产的树种，其果实有着炮弹一样的形状。树高 15 米，却仍然是"老茎生花植物"。雄性树种所开的花非常特别。

POINT

2

生长在巴西的观叶植物凤梨，具有较高的人气。从大温室和花坛处可以看到超过 1 万株凤梨林，其中包括濒危稀缺的树种。

POINT

3

在这片热带雨林地带，延绵 750 米的棕榈树行道树显得十分壮观。它们被命名为巴博萨·罗德里格斯树，这位巴西植物学家曾经是这个植物园的园长。

Botanical garden

08

密苏里植物园

密苏里/美国

MISSOURI BOTANICAL GARDEN

地址：4344 Shaw Blvd. St. Louis, MO
电话：314 577 5100
开园时间：9点—17点 门票：8美元
www.missouribotanicalgarden.org/

　　成立于1859年、位于密苏里州圣路易斯市的巨型温室"人工气候室"（亦称"林奈温室"，译者注）是美国最古老的植物园，其外形是蜂巢状的半球形结构。作为人工气象室，"人工气候室"通过调整二氧化碳浓度来控制温度和湿度，以培养能适应各种气候要求的植物。这个温室能够在这片温差极大的地方完全抵御各种气候问题。除此之外，它在植物研究和学习中也起着很重要的作用，它与英国皇家植物园联合，并在网站上提供超过120万种植物学名及其别名的数据库。随着一些研究的推进，植物的学名也会适时进行调整与变更，所以会遇到一直喜爱的植物由于名称突然变化所带来的困扰。如果能够通过植物园获得正确的数据，还是挺让人欣慰的。

Botanical garden

09

蒙特利尔植物园

魁北克/加拿大

LE JARDIN BOTANIQUE DE MONTREAL

地址：4101 Rue Sherbrooke E, Montreal, Montreal, Quebec
电话：1 514 872 1400
开园时间：9点—17点（11月5日—5月14日）—21点（9月7日—11月4日）
　　　　　周一休息
门票：15.75 加拿大元
http://espacepourlavie.ca/jardin-botanique

　　这个占地约75万平方米、加拿大规模最大的植物园中拥有30个主题庭园，能够看到约22000种植物。园艺工作使得庭园和植物种类的丰富程度得到了提高，能够看到在这种精心呵护下，植物所展现出来的美丽。园内的盆栽特别引人注目。树龄在两三百年的盆栽和盆景文物能在日本庭园和中国庭园中看到。在这里还能看到北美的越南盆栽。与延续着传统做法的日本盆栽不同，越南盆栽与那些在器皿中将风景还原的盆景相似，它们借用透视画的特征在岩石上放置着人和动物的微缩模型进行装饰，显得有些媚俗。虽然日本的盆景最为正宗，但是越南盆栽也还是值得一看的。

EUROPE &
THE AFRICAN CONTINENT

欧洲及非洲大陆

帕多瓦大学植物园

帕多瓦/意大利

ORTO BOTANICO DI PADOVA

这是一个由喷泉包围，以几何学
样式建造的植物园，其中的草药植物
生长旺盛。庭园深处建造有用于保护
棕榈树的"棕榈温室"。

除去充满设计感的大门，整个庭园的基础是过去所遗留下来的圆形空间，现在还能感受到这处于 1545 年创立并设计的植物园中所弥漫的文艺复兴时期的艺术气息。

传统与创新交织
世界最古老的植物园

这个世界上最古老的植物园位于意大利东北部的维琴察市，是欧洲首个成功种植向日葵并开花的植物园，于1545年创办。其初衷是收集并栽培药用植物。意大利文艺复兴初期的建筑物和庭园都留存了下来。为了守住唯一一棵1585年种植的棕榈树，特意建造了一间棕榈温室进行细心照顾。除此以外，1786年种植的银杏树、木莲等古老植物将人们带入了可以感知历史的空间。

我想亲眼看一下，从植物园建立时所栽培的植物，到现在是什么模样。虽然这是一处历史悠久的植物园，但是自从2014年的伊甸园项目（p.46）以来，园内增加了运用新材料和高科技建造的"生物多样性温室"。最先进的技术和传统的园林并存，成为植物园中最大的历史断面。

地址：Via Orto Botanico, 15, 35123 Padova PD
电话：39 049 827 2119
开园时间：9点—19点（闭园时间根据季节变化调整）
门票：10欧元
www.ortobotanicopd.it/

POINT

1

这是1585年种植的棕榈树。1786年，文学家歌德因此树而感动，遂被称为"歌德棕榈树"。

POINT

2

园内小型人工池中的巴拉圭王莲，就这样生长在这处意大利的古老建筑中。

银绿色叶片的霸王棕（Bismarkia Nobilis）和红色嫩芽的红心椰树在园中长得尤为茂盛，它们都是棕榈树的同类，具有浓郁的南国风情。

这是由多色叶类植物构成的图案式庭园。需要定期修剪，以保持美观和整齐。

马德拉群岛是大西洋上的乐园
充满了丰富色彩的庭园

这处位于马卡罗尼西亚的植物园原先是资本家威廉·里德家族所在地，被政府买下之后遂作为对外开放的植物园。位于海拔两三百米山坡上的基地面对海港，位置绝佳。马德拉和金丝雀群岛（西班牙）、开普敦（南非）一起，都是珍稀植物的宝库。在园内能看到诸如马德拉天竺葵、阿乌那桔梗、马德拉奥托诺厄等植物，它们都以岛屿的名称来命名。这类物种即便在其他地域和环境中也能很好地存活。历史上的那些植物猎手在这片区域采集植物后带回各自的国家，所以世界各地的植物园都会种植这个地方的植物。于是，你在这个植物园就能看到那些栽培于世界各地的植物。

地址：Caminho do Meio, Bom Sucesso, 9064-512 Santa Maria Maior,Funchal
电话：351 291 211 200
开园时间：9点—18点
门票：免费
http://www.sra.pt/jarbot/

POINT

1

这是原产于南非的鹤望兰（极乐鸟花）。这种花色鲜艳的植物，在18世纪至19世纪从英国引入这个岛上。

POINT

2

日本庭园中建造了许多鸟居。虽然其由来难以考据，但是能够在葡萄牙属马德拉岛上体验到这种日本园林的感觉，还是倍感亲切。

POINT

3

园中能够看到200种多肉植物，其中以仙人掌为主。在富含湿气的海风吹拂下的土地上所培育出来的多肉植物，长势喜人。

卢布拉克尔

巴伦西亚/西班牙

L'UMBRACLE

这个植物园的特色是其长达330米的柱廊。有如骨骼一般形态的连续曲线，展现出不同寻常的美。该建筑物是由圣地亚哥·卡拉特拉瓦设计的。

庭园中的游步道两
侧种有棕榈树以及巴伦
西亚特有的植物。

综合了科学与艺术
现代化庭园

作为包含在以科学教育和艺术为方向的综合设施"艺术科学都市"之中的植物园，与其说是作为植物和艺术的研究机构，不如说是能够有公园般感受的空间。长330米、宽60米的曲线柱廊，看起来像是一排排肋骨，该建筑的设计师圣地亚哥·卡拉特拉瓦，其绘画、雕塑和建筑作品都是以骨骼和翅膀的概念进行创作的。由骨骼支起并围合的建筑空间让人联想到死亡，与建筑物给人的印象相比，棕榈树则显得生机勃勃。在这处现代庭园中，除了以巴伦西亚橙子为代表的巴伦西亚特有植物外，还从配色进行了考虑，栽培了苦橙子、迷迭香和薰衣草一类有着浓郁香味的草药，以及开有红色和红紫色美丽花朵的九重葛等。雕塑庭园中还能看到大野洋子的作品。

地址：Avenida del Saler 5 46013 Valencia
电话：34 607 65 97 05
开园时间：12点—19点半
门票：免费
umbracleterraza.com/

POINT

1

园内有99棵较高的、78棵较为低矮的棕榈树，高低错落的栽种体现了节奏感。

POINT

2

用来装饰柱廊基础的马赛克瓷砖是利用粉碎玻璃制成的，这使建筑物显得十分前卫和当代。

"生物群系"（Biomes）温室的形状像是肥皂泡。其表面所用的新型材料是质量很轻、强度很大的 ETFE（聚乙烯四氟，Ethylene tetrafluoroethylene）。

左：透过九重葛窥看"生物群系"中的地中海区域。这些地中海植物的长势非常好，其生活环境舒适，气温在9℃到25℃之间调节控制。

右："生物群系"中囊括了东南亚、西非、热带群岛、美洲热带区域的热带雨林植物，是世界最大的室内热带雨林。

园中的设施"核心"是以向日葵为主题来设计的。2005 年 9 月开放以来，这里一直是以植物生态系统和进化、人类关系、环境为主题进行教育展示的场所。

以环境和再生为主题
重新构建与植物相处的方式

音乐制作人蒂姆·施密特（Tim Smit）到这里考察后发现，它与迄今为止的其他植物园非常不同。以内陆西南地区陶土挖掘遗迹的重生计划为契机，该植物园遂以"重新看待人和植物关系"为主题概念，于 2001 年正式开放。

所谓的植物园一般情况下是一个非日常性的场所，其中栽培和展示一些罕见的植物，具有一定考察价值。但是这里种植着诸如香蕉树、可可树、橡胶树等并非罕见的植物，展出的也是和日常生活相关的植物仿制品，展示方式也下足了功夫。园中还能买到加了猴面包树粉末的"猴面包奶昔"，试着让人们近距离感受到这种不熟悉的植物。这种重视概念和主题的创办方式，也参考了部分延续至今的传统植物园的内容。

地址：Bodelva, Cornwall PL24 2SG
电话：44 1726 811911
开园时间：9 点半—18 点
门票：25 英镑
https://www.edenproject.com/

POINT 1

葡萄园中，代表酒和丰收的狄俄尼索斯的希腊神话雕刻十分华丽。如果连酒神像也一并游览的话，会更加有趣。

POINT 2

徒步于"生物群系"中的热带雨林，在种满水果的热带果树园和水田边上，能够看见马来西亚传统的"干栏式"住宅"高脚屋"。

POINT 3

利用废弃电子设备制成的巨人像，以及用水稻科植物作为头发的夏娃像等景观雕塑，装点着整个园区。

格拉斯哥植物园

格拉斯哥/苏格兰

GLASGOW BOTANIC GARDENS

Botanical garden

14

048

格拉斯哥市民的休憩场所
充满绿意的玻璃宫殿

这处于1817年设立并由当地名人和格拉斯哥大学合作的教育设施，是为了进行植物的研究工作。1821年，植物学家威廉·杰克逊·胡克（William Jackson Hooker）开始进行庭园规划，在被任命为英国皇家植物园主管的20年时间里，收集了许多植物。温室中除了澳大利亚的木生蕨类外，被誉为"西方兰科植物女王"的卡特兰扩充了兰科植物的种类，并参加了苏格兰协会主办的兰科植物展。园内除了收集作为园艺品种的兰科植物，还有许多野生品种。相比于温室内部丰富的植物，宽敞的道路两边则是摆放着苏格兰雕塑家乔治·亨利·波林（George Henry Paulin）的作品，以及一些提供市民休憩的长凳。在植物园中的茶室里，你可以享用到英国传统的下午茶。

地址：730 Great Western Rd, Glasgow, Glasgow City
电话：44 141 276 1614
开园时间：7点—日落
门票：免费
www.glasgowbotanicgardens.com/

POINT

1

温室中的食虫植物展示区中种植有筒形捕虫叶的瓶子草和拥有两叶贝形捕虫叶的捕蝇草，其丰富多样的展示很值得一看。

POINT

2

温室中央立有夏娃像，它是由19世纪意大利雕塑家希皮奥内·塔多利尼（Scipione Tadolini）创作的。庭园装饰成了圣经旧约"创世记"中出现的伊甸园的模样。

POINT

3

1873年，发明家、工程师约翰·基布尔建造了这座美丽的"基布尔宫殿温室"，其中种植了兰科和蕨类等热带、亚热带植物。

英国皇家植物园

里士满/英国

ROYAL BOTANIC GARDENS, KEW

这片占地广阔的"温带植物温室",是由建筑师德西默斯·伯顿设计的。这座1859年建成的建筑物是维多利亚时期风格中规模最大的。

登上"棕榈温室"内装饰美丽的旋转楼梯，可以饱览温室里种植的植物，其中最主要的品种是棕榈和蕨类。

这是由建筑师德西默斯·伯顿和温室工程师理查德·特纳一起设计并于1844年至1848年间建造的棕榈温室，以及几何样式的花坛。

由园艺大国英国所掌控
全世界最有名的植物园

这个位于伦敦西南部、世界上最著名的植物园，年均超过 100 万人到访。这座皇家贵族的庭园于 1759 年对外开放，除了将殖民地收集来的植物品种进行改良外，还收纳了许多标本和植物绘画。即便是今天，该植物园还有着植物分类和基础研究的重要作用。作为世界三大植物园之一，它被誉为"植物园界的女王"。其占地 120 万平方米的范围内种植有超过 3 万种植物，分布着 24 种类型的庭园和大型温室，一天内都无法看完。在如此有限的空间里种植如此多的植物，将所有植物按照不同的品种来安排其生长环境，是十分困难的。填补这种环境的差异靠的是园艺师的技术——他们将诸多品种培育得如此美丽，届时一定要来现场观看这里的植物，亲身体验匠人的巧夺天工。

地址：Kew, Richmond, Surrey TW9 3AB
电话：44 20 8332 5655（12 月 24—25 日休息）
开园时间：10 点—日落
门票：15 英镑
www.kew.org/

POINT

1

泰坦魔芋花是世界最大、最臭的花。其别称"尸花"，在 1889 年首次完成人工培育并成功开花。

POINT

2

这个"民家住居"是将一处位于爱知县冈崎市的民宅拆解之后，由日本的木工在园内组装而成的。这个建筑物是用来作为展示、介绍日本文化的场所。

POINT

3

这里能够看到诸如罗伯坎特利猪笼草、帮主等一些极其珍贵、难以栽培、名字并不熟悉的食虫植物。

切尔西药用植物园

伦敦/英国

CHELSEA PHYSIC GARDEN

Botanical garden

16

庭园中央屹立的汉斯·斯隆像是园内重要的标志。斯隆既是医生也是博物学家，这位伟人每年都会捐助给药剂师名誉协会 5 英镑的费用，他买下了这处之后作为庭园的庄园土地。

美好时期的残影
古老正派的伦敦草药园

1673 年，为了进行草药的栽培和研究，这个伦敦城内历史悠久的草药园以草药师名誉协会的名义设立。《园艺百科全书》的作者，同时也是植物学家菲利普·米勒担任了这个全世界最著名的植物园园长。虽然这个场地只有并不算大的 15000 平方米，但是其中种植有 5000 余种草药。为了能让医生可以直接来摘取草药进行处方，园区会根据疾病种类的药用效果进行花坛布置，并对草药进行分类。1848 年，这里展示了一种著名的木制沃德箱（能够使植物免除寒冷和干燥的盒子），这种被称作"病房箱"的器具是当时在东亚进行植物收集工作的植物猎手所使用的。这里不仅展现了植物猎手游走世界各地，将所看到的植物带回故国的那种热情，同时也能感受到这种继承古代遗存以及先人成就的园艺精神，让人心潮澎湃。

地址：66 Royal Hospital Rd, London
电话：44 20 7352 5646
开园时间：10 点—日落
门票：10.50 英镑
chelseaphysicgarden.co.uk/

POINT
1

这是欧洲最古老的山石庭园（用岩石进行布置）。其所用的岩石是博物学家和植物学家约瑟夫·班克斯从他的植物调查地冰岛带回来的。

POINT
2

这是岩石庭园中的食虫植物瓶子草。其最主要的品种是"黄瓶子草"（flava），常用作民间的草药，最近还从中提取出了抗癌制剂。

威斯利花园

威利斯 / 英国

RHS GARDEN WISLEY

这座实验室是这个花园的标志，它坐落于被称作"运河"（canal）的睡莲池深处。其周围除了美丽的草坪外，还有边界花坛以及图案花园。

这里是园艺师的范本
两百年历史引以为豪的RHS庭园

　　这个位于伦敦西南部的庭园是伊丽莎白女王负责的RHS（英国皇家园艺学会）经营的四个庭园之一。它是以企业家乔治·弗格森·威尔森于1878年建造的"橡木实验庭园"为原型。威尔森死后的1902年，园艺师兼慈善家托马斯·翰伯利将庭园买下，从1804年赠送给RHS后，成为现在的威斯利花园。园内除了利用垂直土墙进行栽培的"围墙花园"外，还有许多主题花园，其中包括日本庭园。这些庭园中栽培的园艺植物十分吸引眼球。园艺植物追求的是花卉的艳丽，园艺师会对植物进行一代代改良。在这处庭园中，每年都会培育出诸如玫瑰、报春花等受人喜爱的园艺植物的新品种。让这些植物充满朝气，都要拜出色的园艺技术所赐。

地址：Wisley Ln, Wisley, Woking
电话：44 845 260 9000
开园时间：9点—16点半
门票：11.70英镑
https://www.rhs.org.uk/gardens/wisley

POINT

1

　　被称为"混合边界"，由多年生草所栽培的128米植被群是这里最值得观看的。初夏的时候最能彰显其美丽和丰富的色彩。

POINT

2

　　园内各种各样的主题庭园成为园艺师们的参考案例。除了日本庭园外，还有草坪庭园。

POINT

3

　　在高山温室中能够看到一些珍稀的高山植物。南非小球根等栽培难度极高的植物也栽培得很好，可以称为最顶级的庭园展示。

Botanical garden

18

柏林达勒姆植物园

柏林 / 德国

DER BOTANISCHE GARTEN BERLIN-DAHLEM

这个热带温室复原了 19 世纪末 20 世纪初的新艺术时期的温室建筑，其意大利式庭园以左右对称的几何学样式构成。

仙人掌温室中种植着来自南美的柱
状仙人掌和球状仙人掌，其名称都被标
明出来。这种有条不紊的布置让人感觉
像是一个德国的著名植物园。

在这处意大利式的庭园内，
新艺术样式的人工水池表现出有
机的曲线形式。其边界栽培有美
丽的观叶植物。

新艺术样式的温室中
有着各样培育优良的花草

柏林达勒姆植物园是世界三大植物园之一，1646 年创立的勋伯格植物园在 1895 年迁移到了现在的地方。植物园现在由柏林自由大学进行管理，在这个占地 42 万平方米的范围内种植了 22000 种以上的植物。它一方面有三大植物园都具备的所谓的"网罗感"，即收集有来自世界各地的物种。另一方面，其植物园的展示条理十分清晰，众多的

植物从大到小进行了完备的分类和整理。比如说，在植物分类学家恩格勒的影响下，园区以植物地理学的方式分成了六个区域，分别种植了代表各个地区的植物。

大温室根据植物类别和原产地分为 16 个片区。其中的泰坦魔芋花在园艺师的精湛栽培下成功开花。这种巨大的花卉让人感到一种纪念碑式的神圣感。

地址：Königin-Luise-Straße 6-8, 14195 Berlin
电话：49 30 83850100
开园时间：10 点—18 点
门票：6 欧元
https://www.bgbm.org/

POINT

1

地中海温室中最吸引眼球的是这种龙血树。这种不可思议的树原产于加那利群岛，其红色的树脂如血一般。照片来自也门的索科特拉岛。

POINT

2

植物园最著名的是这个世界最大也是最臭的花——泰坦魔芋花。该花在 2015 年的柏林达勒姆植物园开花后吸引了大量的游人前来观看。

POINT

3

这个放置着各种容器的食虫植物室，就像是食虫植物爱好者的栽培室。在这里能够看见市场上不多见的珍稀果蝇（Drosophilm）和小型茅膏菜（Sundew）。

慕尼黑植物园

慕尼黑/德国

BOTANISCHER GARTEN MÜNCHEN–NYMPHENBURG

慕尼黑研究所前广阔的中庭中是一组巴洛克式的花坛，里面种植有郁金香等色彩丰富的园艺植物。

　　墨西哥温室就像是一座山石庭园，种植着各个种类的多肉植物和仙人掌。在这个植物园里，能让人在有限的空间里一下子看到所有品种的植物。

眺望巴洛克宫殿
享受这处别致的庭园

这处位于宁芬堡宫中的植物园最早建造于 1809 年。现在所见的庭园模样是 1914 年建造起来的。除了分隔为 15 个复合温室外，室外还有种植着高山植物的山石庭园、玫瑰园以及由玻璃建成的"食虫植物小屋"。作为代表园艺植物的兰科植物，该庭园中收集了包括原种和交配种在内的 2000 余种类别。除了这些，有着异域格调的棕榈树成了这个庭园的标志。除了水生植物温室中的大王莲和热带睡莲等，诸如香蕉树和木瓜树等并不需要特殊温度调节的热带果树，则是在没有加温的植物温室里培育，被誉为植物园中标准的地域密集型庭园。虽说为了保全自然环境，自然生态园以及按照特定分类的植物园在保护自然环境方面已经很出色了，但是对于地域而言，这种标准的植物园也是不可或缺的。

地址：Sophienstraße 7, 80333 München
电话：49 89 23396500
开园时间：9 点—（闭园时间根据季节变化调整）
门票：4.50 欧元
www.botmuc.de/

POINT

1

这是 2016 年 6 月重新开放的山石庭园。广阔的区域起初是种植来自喜马拉雅地区的蓝色罂粟等珍贵高山植物，现在园内已经种植有1000 种植物。

POINT

2

兰科植物温室的水池流淌着瀑布，在那里可以看到成群的红耳龟慵懒的样子。龟是植物园的吉祥物。

巴黎植物园

巴黎/法国

LE JARDIN DES PLANTES DE PARIS

瓦尤贝特广场（la place Valhubert）延绵 500 米，其深处是国家自然历史博物馆。花坛里种植有罂粟，种植的内容也会随着季节的变化进行更换。

位于塞纳河对面
法国植物学发源地

这处历史悠久的植物园发端于1635年的皇家草药园。法国大革命以后，它作为植物学的研究部门成了巴黎国立自然历史博物馆的附属机构。法国大革命前一直作为园长的博物学家布丰（Buffon），扩充着园内的标本以及场地范围，将这个植物园提升到博物学研究机构中的较高地位。据说他所写的《博物志》要比同时期刊行的让–雅克•卢梭（Jean–Jacques Rousseau）的爱情小说更具人气，受到了当时读者的热捧。随处可见传统法国样式的庭园文化，比如按照装饰艺术风格建造的热带植物温室以及种植了超过1000种花草的两个广场。在这种装饰风格独特的建筑物中，收集植物并培养成为异于自然生长的形态，成了人类主宰自然方式的一部分，不禁让人联想到植物园作为财富象征的起源。

地址：57 Rue Cuvier, 75005 Paris
电话：33 1 40 79 56 01
开园时间：8点半—19点半
门票：免费
http://www.jardindesplantes.net/

POINT

1

随着季节变化，花坛中的大丽花、大麻等许多品种植物的花朵竞相开放。由多彩花卉构成的绿篱和植物雕塑构成了植物园的边界。

POINT

2

园中矗立着植物分类学家卡尔•冯琳（Carl von Lynne）和同时期的博物学家乔治－路易•勒克莱尔•布丰（Georges–Louis Leclerc de Buffon）的雕塑。1739年至1768年间，他们分别担任植物园园长的职务。

POINT

3

围绕在瓦尤贝特广场周边的法国梧桐和栗子树，都按照法国庭园样式修剪成了巴洛克式精美的外形。这种样式对树枝的修剪技术要求很高。

该庭园位于一座略微高起的岩石山的中部，从瞭望台上可以饱览摩纳哥街景和地中海风光。

这个区域大范围生长着柱状仙人掌，从地表面延伸至天空的形象，营造出了一种异域的氛围。

在地中海海风的吹拂下
庭园中的仙人掌和多肉植物生长得极其茂盛

这个开设于 1933 年的热带植物园，是摩纳哥亲王兰尼埃三世的皇后格蕾丝·凯丽（Grace Kelly）钟爱的地方。这座位于峻峭石山中部的植物园由 9 个区域构成，其中主要种植的是多肉植物和仙人掌，让人沉浸在一个异域环境的体验中。充足的日照和富含水分的海风，使得多肉植物和仙人掌在海边的城镇中也能很容易成活并长势优良，这就是所谓地理上的种植优势。仙人掌按照形态可以分为柱状和球状两种，该植物园的区域划分方式正是参照了这种分类。球形仙人掌区域中比较有特点的是树龄超过 80 年的金琥，这种大型的黄色植物簇生在一起。在这里能够看到和白天不一样的仙人掌状态，仙人掌在日落和夜晚之时绽放出各色花朵。园区内部还有钟乳石洞。植物园在满足人们对大自然的丰富体验的同时，也提供了一处休养之地。

地址：62, Bd du Jardin Exotique 98000
电话：377 93 15 29 80
开园时间：9 点—（闭园时间根据季节变化调整）
门票：6.90 欧元
www.jardin-exotique.mc

POINT
1

进入入口便能看到墨西哥的多肉植物以及棕榈丝兰等大型树种。作为极为稀缺的丝兰属植物，这样大的体型还是很难看到的。

POINT
2

作为火龙果树的同类，柱状仙人掌的根茎呈现出直立的柱形。在柱状仙人掌区域还生长着高达数米的品种。

POINT
3

钟乳石洞被誉为"地下大教堂"。从洞窟内发现的动物骨骼残片可以推断，这个地区曾有史前时期的人类居住过。

苏黎世植物园

苏黎世/瑞士

BOTANISCHER GARTEN UNIVERSITÄT ZÜRICH

这个热带植物温室于2013年建造完成，其穹隆的外形十分有趣。其中种植有热带雨林植物和旱地植物。虽然整个建筑物看起来很小，其直径还是有16米长。

诞生于寒冷的苏黎世
可爱的热带花园

　　1977 年，这里作为大学的附属设施被开放，其占地 53000 平方米的范围内种植有 9000 种植物。由穹隆形热带温室所划分的三个区域是这个植物园的特征。热带干旱地区室内的百岁兰（Welwitschia）非常有代表性。这个像头发一样延伸开来的双叶植物，被附以一个日本名字"奇想天外"（奇妙）。在同一个区域内还有一种像嘴唇一样的珍贵植物石生花（lithops）。在室外能够看到生长于阿尔卑斯山的耳状报春花（Primula auricula）。传统山野草自古在英国用作园艺种植，其最有魅力之处在于几何似的花形，在装饰艺术风格的室内就如王家徽章一样，显得十分高贵。园中还种植有野生的大蒜，室外即便是零下 2 到 3 摄氏度的寒冷环境，园中还能保持如夏天时的气温，植物就在这样温暖的环境中茁壮生长。

地址：Zollikerstrasse 107, 8008 Zürich
电话：41 44 634 84 61
开园时间：7 点—18 点（时间根据季节变化调整）
门票：免费
http://www.bg.uzh.ch/index.html

POINT
1

　　种植着高山植物的山石庭园中还能够看到雪绒花（Edelweiss）。"高贵的白色"是雪绒花的标志。远望这片美丽的花卉，感觉就像是薄薄的一层雪。

POINT
2

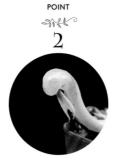

　　在热带植物温室中还能看到这种食虫植物眼镜蛇瓶子草（darlingtonia），其英文名称也叫眼镜蛇百合（Cobra Lily）。其捕虫叶的形状就像是蛇的脑袋耷拉下来一样。

POINT
3

　　热带低地雨林中放置了树型的纪念碑。拾级而上能够眺望茂密生长着的棕榈树等低地热带植物群。

爱尔兰国家植物园

都柏林 / 爱尔兰

NATIONAL BOTANIC GARDENS (IRELAND)

这是由建筑师理查德·特纳（p.58）设计的"中央温室"，其中栽培有棕榈、苏铁、西番莲、九重葛等热带、亚热带植物。这是该植物园中最早建造的温室。

那些对温度要求很高的附生
兰花和蕨类植物在温室中都生长得
极为茂盛，营造出不同层次的绿色
风景。

植物园至今经营良好
具有历史价值的温室

1795 年，为了保护植物资源和进行农业研究，在皇家都柏林协会的合作下，国立植物园在爱尔兰首都都柏林成立了。占地 19500 平方米的面积建有许多温室，它们是由曾参与英国皇家植物园温室建设的建筑师兼温室工程师理查德·特纳一手打造的。曲线形的尖塔和温室相通，入口和柱子都进行了装饰。

虽然只是按照当时的温室标准设计，但是其装饰外观还是能够体现当时富裕阶层的文化状态。其组成方式让人体验到非日常的状态，植物园配备"大棕榈温室""兰科温室""仙人掌室""食虫植物室"等标准模式。除此之外，还能够看到开有黄色蝴蝶形小花的哈里雀等爱尔兰特有植物。

地址：Glasnevin, Dublin 9
电话：353 1 804 0300
开园时间：9 点—17 点（时间根据季节变化调整）
门票：免费
http://www.botanicgardens.ie/

POINT
1

"大棕榈温室"是 1884 年建造的历史建筑物。由于在台风中受到损坏，其与兰科温室一起于 2004 年进行了修复。

POINT
2

园中能够看到欧石楠花坛，其开着小花的状态就如绒毯一般。爱尔兰南部的凯里郡的山中生长有野生的欧石楠。

美泉宫花园

维也纳/奥地利

SCHLOSSPARK SCHÖNBRUNN

"棕榈温室"有着宫殿一般的造型，其前部是宽广的巴洛克样式花坛，有着左右对称的图案。

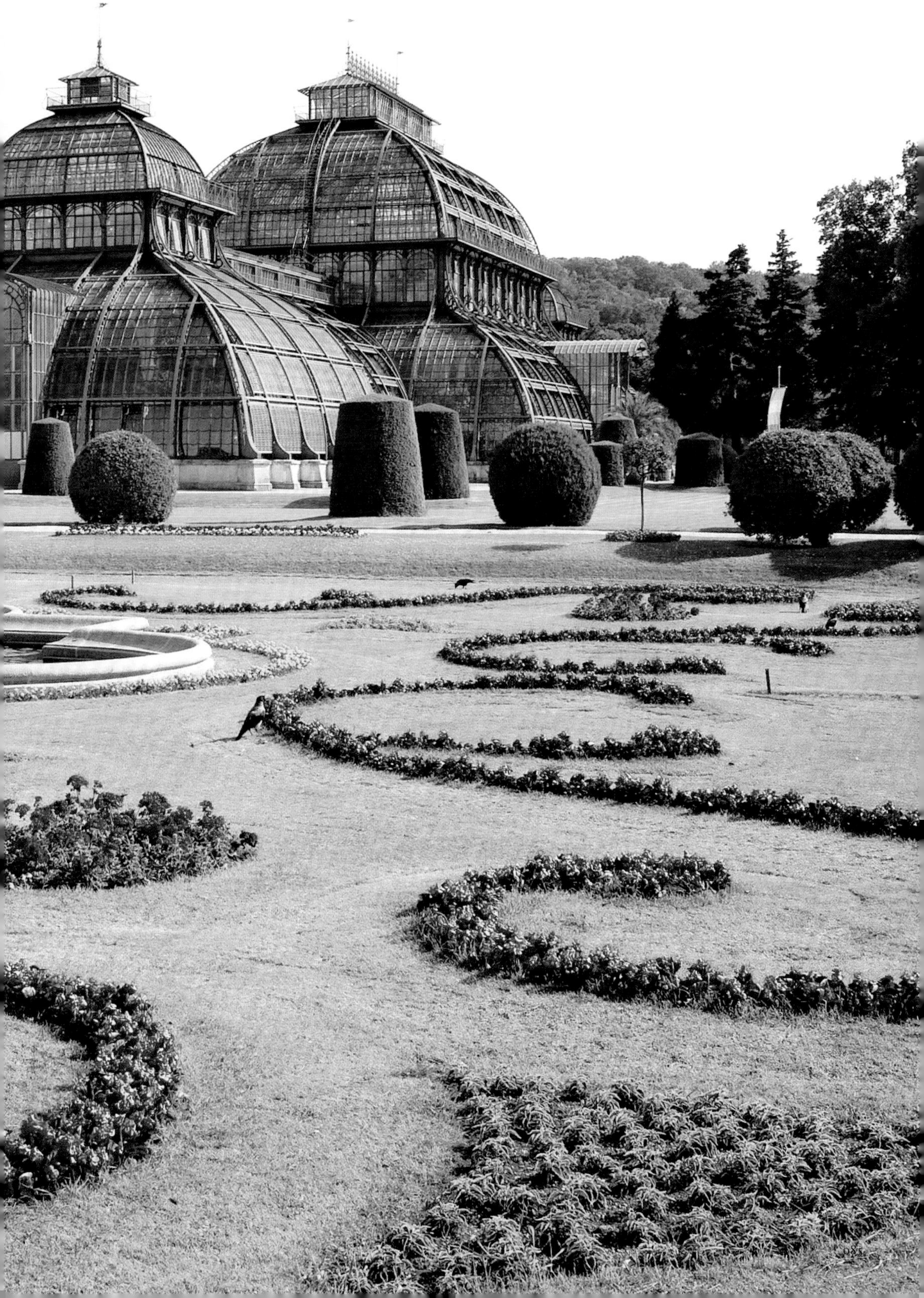

"棕榈温室"中的热带、亚热带植物区域里，有着培育优良的、树高超过 20 米的棕榈树以及大型蕨类植物。

在巴洛克式的庭园和温室中
描绘出昔日的辉煌

哈布斯堡家族是欧洲的名门望族，在 1696 年夏天建造了"庄园美泉宫花园"，为的是与凡尔赛宫抗衡。1779 年开始作为开放庭园。在这个占地约 170 万平方米的庭园中，最引人注目的是 1882 年由奥匈帝国皇帝弗朗兹·约瑟夫（Franz Josef）下令建造的"棕榈温室"。这个拥有 2500 平方米面积、全长 111 米的建筑，是欧洲最大的温室。室内分为三个区域，分别是地中海、南非、奥地利植物区，中国、日本、喜马拉雅、新西兰植物区，以及热带、亚热带植物区。这个以皇帝的使命建造的温室，不只是在区域上对植物进行划分，除了本国的植物外，还网罗了地球上的绝大部分植物，这充分表达了其征服世界的愿望。1996 年，庭园和宫殿建筑一起被列入联合国世界文化遗产。

地址：Schloss Schönbrunn, 1130 Wien
电话：43 1 87 75 08 7
开园时间：9 点—18 点（时间根据季节变化调整）
门票：21.90 欧元
www.bundesgaerten.at

POINT

1

这座建造于 1698 年至 1740 年的绿篱迷宫花园，在 1998 年被复原建造。总面积达到 2700 平方米的巨大迷宫成了最受孩子们欢迎的活动场所。

POINT

2

"尼普顿之泉"的雕塑，其主题来自于希腊神话海神尼普顿和海之女神忒提丝祈祷其子阿喀琉斯的故事。

POINT

3

这是美泉宫花园中的一处罗马遗址纪念物。除此之外还有日本庭园和动物园，想在一天之内游完整个宫殿，会感到十分困难。

科斯滕布什国家植物园

开普敦/南非共和国

KIRSTENBOSCH NATIONAL BOTANICAL GARDEN

穿梭在庭园植物园之间的狭窄游步道中，俯瞰开普敦的植物，感觉就像鸟儿一般。

植物园在遥远的桌山映衬下
显得十分美丽。作为一个自然庭
园，其中铺设的草坪让人感到有
些意外。

在花的王国开普敦
步行去看当地特有的植物

在植物园中能看到许多南非特有的稀奇古怪的植物。庭园位于开普敦市中心附近的桌山山脚，其36万平方米的占地面积内拥有超过7000种植物。断壁悬崖的桌山与周围的环境相隔绝，所以在这里生长的植物和动物具有鲜明的地域特征。

在庭园中能看到那些只能作为日本盆栽的植物的野生状态。最典型的例子是多肉植物利文斯顿雏菊花园的花圃以及簇生在一起的食虫植物好望角茅膏菜。植物学名是由属名和物种小名一起构成的，在园内看到的簇生毛毡苔（Drosera），其物种小名为茅膏菜。好望角茅膏菜（Drosera capensis）的名称则来自于地名开普敦（Cape Town），从这里便能看出其物种的地域性。来这里一定要看那些野生植物，如笔尖一般的针垫花，以及长达20厘米直径的帝王花。

地址：Rhodes Dr、Newlands, Cape Town、7735
电话：27 21 799 8783
开园时间：8点—19点
门票：55兰特
www.sanbi.org/gardens/kirstenbosch

POINT

1

"风轮花"是"针垫花"的常用名称，其野生的花朵常被用作插花。这种野生状态展现了其独特的魅力。

POINT

2

在这里能看到被用于日本剪花的帝王花的生长状态。其花朵和孩子的头部一样大，粉红花色中带点银色。

POINT

3

鹤望兰的花形就像是鸟的横截面。这是南非开普敦的品种。其簇生的状态就像是鸟儿聚集在一起，显得十分可爱。

26 莱顿大学附属植物园

莱顿/荷兰

HORTUS BOTANICUS LEIDEN

地址：Rapenburg 73　2311 GJ Leiden
电话：31 0 71 5277249
开园时间：根据季节和日期变化调整，周一休息
门票：5 欧元
www.hortusleiden.nl/

历史上，这处植物园的前身是1590年开园的帕多瓦植物园。其占地面积约2万平方米，最早种植的是玫瑰和郁金香等园艺植物，现在种植有1万余种植物。温室中有热带、亚热带珍贵物种，其中最有名的是蚁生植物。其植物构造像是蚂蚁的居所，由其巢穴引来的蚂蚁所搬运的饵食和粪便为其提供很好的养料。这让我们看到了不同种类的生物相互依存、共同进化的状态。另一处值得一看的是为了纪念席博尔特而建造的日本庭园。医生及博物学家席博尔特从日本带回来的树至今仍留存于园内。为了歌颂席博尔特的事迹，日本庭园中竖立了他的胸像，并在其周围放置了日本的绣球花，让人了解日本植物传入欧洲的这段历史。

27 乌普萨拉大学附属植物园

乌普萨拉/瑞典

UPPSALA UNIVERSITET BOTANISKA TRÄDGARDEN

地址：Villavagen 8, Uppsala, Sweden
电话：46 18-471-2838
开园时间：9 点—16 点
门票：免费
www.botan.uu.se/

这是瑞典历史最悠久的植物园。卡尔·冯琳曾担任过植物园园长，他是生物分类学的鼻祖，发明了二名法（通过属名和物种小名一起来表示生物的学名）。现在的植物园并不是 1655 年开放的场地，而是之后转移到乌普萨拉城庭园的一角。过去庭园中的珍贵植物是冯琳派遣自己的徒弟在全世界收集到的，但由于数量的增加，以及靠近河流所带来的过度湿润的原因，园址不得不进行迁移。如今，为了追忆冯琳，庭园也易名为"冯琳花园"，恢复了当时的场景作为现在植物园的一部分进行保存。如今园中还有冯琳从荷兰带回来的月桂树盆栽，被很小心地照料着。漫步在现在的植物园以及冯琳花园，能够切身感受到这种历史的气息。

ASIA & OCEANIA

亚洲及大洋洲

心形的"繁荣之湖"，湖边种植有棕榈树。植物园内种植的棕榈树超过450种。

25米高的亚历山大椰子树并排
直立的景观十分具有冲绳风格。它
被称作棕榈王，常作为行道树。

在南国冲绳充满绿意的乐园中
度过漫长的时光

这处位于冲绳知花的植物园于2013年重新开放。其前身是从台湾移民过来的大林正宗于1968年建立的大林农园。1976年改换了经营方后成了现在的植物园。其15万平方米的土地上种植了超过1300种的热带、亚热带植物。室外有日本内地温室中无法看到的果树，比如台湾柠檬树、香蕉树、荔枝树、杧果树等。大黄棕榈树广场以及栽培着芙蓉树的柳叶大道十分具有南国情调。亚历山大椰子树能够长到25米高，即便在日本也能感受到接近东南亚的气候特征。除此之外，园内还展示有龙血树、猴面包树等。在意式冰激凌店"Gelato Chibana"（知花雪糕）里能够吃到用冲绳特产水果和蔬菜制成的冰激凌。植物园开放到晚上十点，在被灯光点亮的夜晚，能够欣赏到夜晚开花的月下美人。

地址：冲绳县冲绳市知花2146
电话：098 939 2555
开园时间：9点—18点（周五、周六及节假日前一天开放至22点）
门票：1500日元
www.southeast-botanical.jp/

POINT

1

室外能够看到生长于菲律宾群岛的翡翠葛，其巨大的花朵有着美丽的翡翠色。它的花期在三月到五月，游人最好在花期内前来观赏。

POINT

2

靠近植物园入口有一种酒瓶椰树，也被称为瓶颈树，其树干像酒瓶一样鼓胀起来，十分可爱。这种酒瓶椰树（德利椰树）被用作当地的行道树。

POINT

3

东南亚地区生长的热带、亚热带植物玉蕊十分吸引人。它一般是在傍晚到夜里的时间开花，所以一定要来夜游植物园。

池畔的建筑物是东京大学综合研究博物馆小石川分馆。这座建造于 1876 年（明治 9 年）的历史建筑是日本重要的文化遗产。

　　园内植物的种植充分利用了地
形条件。日本庭园位于地势较低处,
分布有池塘,并种植有樱花树、梅树、
枫树、杜鹃花等。人们十分热衷于
到山野自然环境中欣赏花卉和红叶。

开放于江户时期
以其300年历史为荣的日本最古老的植物园

被人熟知的"小石川植物园"其实是东京大学研究生院理学系研究科附属植物园。和切尔西药用植物园的情况一样，其前身是1684年（贞享元年）江户幕府设立的小石川御药园。在1877年（明治10年）东京大学成立之际，该植物园成了学校附属植物园，并于同年对外开放。作为日本最早设立的植物园，建园的目的是进行植物学教学和研究，明治时期之后，开始转向东亚植物研究。园内有许多国家文化古迹，比如御药园时期种植的花梨树林，用于孟德尔遗传学实验的移植葡萄树，青木昆阳的甘薯实验基地，还有大叶菩提树和梧桐树的老树种，以及从牛顿家移植过来的苹果树、植物生理化学家柴田桂太的纪念馆等，随处都能感受到植物学发展的历史印记。2010年，泰坦魔芋花的开花成为植物园的一个大事件。

地址：东京都文京区白山3丁目7番1号
电话：03 3814 0138
开园时间：9点—16点半（周一休息）
门票：400日元
http://www.bg.s.u-tokyo.ac.jp/koishikawa/

POINT

1

这是药园内诊所"小石川养生所"的一口井。于1722年（享保7年）建造，在关东大地震的时候曾作为灾民的饮用水源。

POINT

2

继草树（常磐万作）开着如纽扣一般白色的花。其以日本名称的命名方式和牧野富太郎（p.108）一样。

POINT

3

明治29年，平濑作五郎在这棵银杏树中发现了植物精子。作为最早从开花结果的植物中成功获取精子的案例，遂成为植物学史上的大事件。

高知県立牧野植物園

高知／日本

THE KOCHI PREFECTURAL MAKINO BOTANICAL GARDEN

通过景观激活了高知自然、起伏地形的活力，是该植物园的特点。图片右侧在温室前面建造的50周年纪念庭园，目的是欣赏东亚传统园艺植物。

上图：由内藤广设计、于1999年建造完成的牧野富太郎纪念馆展示馆，中庭种植着牧野富太郎命名的植物。
下图：海拔146米的五台山位于高知县东南部，周围是广袤的高知平原，站在山顶的瞭望台能够尽览城市街道和浦户湾。

植物园内感受土佐地区丰富的自然资源
这要归功于牧野富太郎博士

为了纪念日本植物分类学家鼻祖牧野富太郎所做出的贡献，这处位于其出生地高知的植物园在1958年开园了。温室在2010年进行了改造，其中的马兜铃和红刺露兜树很受人欢迎。这两种植物的外形招人喜爱，因此植物园进行了大量的种植。可以这么说，植物园坚持搜集那些受人喜爱的植物。园内的牧野富太郎纪念馆，其中庭种的植物是牧野用日本名称来命名的。名为牧野的貉藻，并非如其学名所示那样为藻类，而是一种类似藻的水草植物。虽然这种植物在世界各地都有生长，但是当它开花的状态被发表在植物图鉴之后，其名字便引起了全世界的轰动。貉藻呈现出通透的绿色，其繁密的针叶是别的水草植物所没有的。虽然栽培的难度很大，但是植物园成功完成了这个物种的繁殖。考虑到栽培上的辛苦付出，大家一定要来亲眼目睹它的姿容。

地址：高知县高知市五台山 4200-6
电话：088 882 2601
开园时间：9点—17点
门票：720 日元
http://www.makino.or.jp

POINT

1

有着秀丽姿态的土佐寒兰，保存并展示于土佐寒兰中心，大家务必前来观看。寒兰是由牧野命名的，是高知县的象征花。

POINT

2

名为寿卫子笹的植物种植在纪念馆入口处。牧野富太郎在仙台发现这个植物后的第二年，将其54岁过世的妻子寿卫作为该植物的名称。

POINT

3

这种稀罕的常春油麻藤在别的植物园里很难见到。开有暗紫色花朵是这种热带藤灌木的特征。它生长在日本的熊本县和长崎县。

兵库县立花卉中心

兵库/日本

HYOGO PREFECTUAL FLOWER CENTER

热带植物温室里主要是树兰和贝母兰等兰科植物，进入其中就能立即感受到芬芳的花香以及鲜艳的花色扑面而来。

栖居在饭盛山山脚
食虫植物的圣地

这处位于兵库县加西市的植物园于 1976 年对外开放，其主题是："普及花卉知识，提高园艺技术，提供休憩场所。"虽说这里的交通并不是很便利，但还是能吸引众多游人前来探访。当我开始热衷于食虫植物时，就经常从食虫植物爱好者朋友那里听说，"作为一个爱好者，不知道兵库县立花卉中心，是一件丢脸的事"。实际上，当进入大温室中的一个房间后，我深刻领会到了这句话的含义。宽广的室内有一片山石庭园，种植着当地的食虫植物，每一种都生长得很旺盛，显得光鲜亮丽。珍贵的大型猪笼草，其捕虫袋也十分巨大。食虫植物的栽培并不简单，保持其良好的状态也不容易。如果将自己养植的快枯萎的植物带到这里来，很快便能使其恢复元气。鉴于这种对植物的热爱，不得不说这是全世界首屈一指的食虫植物温室。

地址：兵库县加西市丰仓町饭森 1282-1
电话：0790 47 1182
开园时间：9 点—17 点
门票：510 日元
http://www.flower-center.pref.hyogo.jp/

POINT

1

面对食虫植物温室里种植的那么多食虫植物，很快便沉迷其中。即便是那些没有看见过食虫植物的人，在看到这些植物后也会喜欢上它们的。

POINT

2

这个花坛中只种植瓶子草，每一株的叶子都十分精致和美丽。到了秋天，瓶子草也会展现出红叶之美。

POINT

3

这个空间能够 360 度立体展示色彩鲜艳的球根秋海棠，感觉它们像是漂浮在梦中。

这处沼茅草原模仿的是尾濑和雾峰，其水池中布满着盛开的荸荠草等水草植物。沼茅草原的命名是来自于这里生长的湿地植物沼茅。

　　箱根湿地花园的春天是植物
生长活跃的季节。在低层沼泽规
划区内能够看到簇生于湿地的九
轮草，它所开的花朵色彩艳丽。

自然风貌丰富的仙石原
在湿地里绽放的稀缺花卉是其中的看点

这座日本最早的湿地植物园在1976年建成，为的是恢复和保护仙石原湿地的植物。开园时间是每年3月至11月，以湿地为中心的河川和湖沼中生长着1700种植物，不同的季节能够看到不一样的风景。在这个占地3万平方米的植物园中，游人穿梭在林间小径，从低地到高山，从陆地到湿地进行观察，喜欢山野草的人在这里会喜不自禁。特别要推荐在春天时来看座禅草。这种植物能通过包裹着的、被称为佛焰苞的部分发热后，将表面的雪融化，然后开花。在这种严酷环境中生长的花，所呈现的并不是那种自然飘舞的状态，其形态轮廓清晰，极具个性，它也并不像园艺植物那样华丽，甚至还有一种奇怪的味道。夏天时，游人除了要去"世界食虫植物展"参观外，在仙石原的湿地里还能看到野生的食虫植物茅膏菜和挖耳草。

地址：神奈川县足柄下郡箱根町仙石原817
电话：0460 84 7293
开园时间：9点—17点（冬季休息）
门票：510日元
http://www.kyokai.hakone.or.jp/hakoneshissei/

POINT
1

"驹草"怜人的花姿十分吸引眼球。每年5月到6月是集合了日本高山植物的"高山花田"区域最好看的时候。

POINT
2

这是有着纯白色佛焰苞的天南星科植物水芭蕉。3月下旬至4月下旬的低层湿地区域，能够看到2万株水芭蕉竞相绽放的情景。

POINT
3

这是在喜马拉雅高山上生长的稀有蓝色罂粟花。每年5月至6月间，能够看到绵延一千株的群生状态。届时，由主办方组织的"蓝色罂粟摄影展"也会开放。

左图：植物园附属的总统府邸建筑前有一片宽广的巨大人工水池，让人感到分外清凉。

右图：植物园中伫立着托马斯·斯坦福·莱佛士妻子的纪念碑。莱佛士是新加坡的创立者，也是他发现了大王花。

在这座湿度较大的植物园内，游人能够看到丝兰、龙舌兰和凤梨树生长的状态。

绽放着寄生植物大王花
异域风情的植物园

这是和茂物宫殿一起设立的植物园。这座东南亚最古老的植物园作为 1817 年殖民政策中的一部分，由荷兰人建立。其占地80 万平方米，栽培有超过 15000 种植物，其中最值得一看的是大王花。虽然在日本国内的植物园也能看到，但是数量极少，而且并不是每年都能开花，甚至每隔几年才能开一次花。所以，如果能看到大王花开花的样子，就算是交好运了。大王花中被称为阿诺尔迪的种类最为有名，然而该植物园中所种植的是叫做帕德玛的小型物种。它和泰坦魔芋花一样十分特别，体量非常大，有着动物死尸一样的气味，引起许多人的好奇心。在植物园商店里，游人能够买到食虫植物和兰科植物培育苗。如果想要拥有标志性物品，遇到大王花钥匙环，可千万不要错过。

地址：Jalan Ir. Haji Juanda No.13, 16122
电话：62 251 8322187
开园时间：8 点—17 点
门票：25000 卢比
http://krbogor.lipi.go.id/en/beranda.html

POINT

1

花形独特的蝎尾蕉拥有多种色彩，显得十分艳丽。茂物植物园中能够看到许多种类的蝎尾蕉花。

POINT

2

被称作板根的大甘巴豆树有着板片状的根部。因其体型巨大，亦称"王者树"。只有在这里，才能看到这种壮观的板状树根。

POINT

3

大王花寄生在葡萄科植物的藤蔓上。它没有根茎和叶片，直接在地面和树上开花，其状态就像是直接摘下来的。这种野生状态在日本是无法看到的。

滨海湾花园

新加坡

GARDENS BY THE BAY

这个看起来像蘑菇、以热带雨林大树为主题的建筑物"超级树"，是这个花园的象征。

走在横跨"超级树"的空中
走廊上，能够看到沿海的街区。

凤梨科区域中有一种像窗帘一样垂下来的空气凤梨，十分美丽。它是铁兰属植物中的一种。

人造山上栽培着高原兰花和蕨类植物，周围发散的道路呈螺旋状分布，漫步其上能够眺望美丽的景色。

穿过景点
畅游在游乐园一般的植物园

这个娱乐型植物园位于沿海的滨海湾金沙。植物园拥有广阔的室内庭园和不同主题的室外庭园。温带植物的花卉穹顶以及热带雨林植物的云森林，这两个区域构成了室内庭园的内容。园内栽培有兰科和蕨类植物，漫步在喷着雾气、流淌着瀑布的人造山周围，仿佛置身游乐场，十分有趣。在山的中心被命名为"失落世界"的区域，能够体验到犹如云雾林般的气候，高原兰科植物就培养在这种近乎两千米高的热带山地的环境里。一起展示的还有食虫植物、大王花以及做成玩具的食虫植物模型。作为珍稀植物，这里的食虫植物在别的植物园也能看到，因为有很多"山寨"植物会一起展示，所以要仔细观察。

地址：18 Marina Gardens Dr
电话：65 6420 6848
开园时间：5 点一凌晨 2 点
门票：28 新元
http://www.gardensbythebay.com.sg/en.html

POINT

1

在"瓶树的森林"区域中展示的瓶树，底部膨大的部位储藏着水分。瓶树这种似乎是在移动和步行的模样还是很有吸引力的。

POINT

2

"超级树"会在每晚 7 点 45 分至 8 点 45 分被点亮，大家可以享受其展现出来的多彩照明。

POINT

3

在云森林中的"水晶山"广场中的紫水晶穹顶（紫晶洞）等空间里，能够看到自然培育的矿物晶体。

在热地雨林区域能够看到被称为"勒死树"的大树。它依附在其他植物和石头上生长，那些被它缠住的植物，由于晒不到太阳，就渐渐枯萎了。

这是"国家兰花园"的一处喷泉。
这里盛开着 1000 多种兰科植物，是
一个令人亲近的区域。

盛开着兰科和姜类植物
亚洲的热带植物园

和华丽的滨海湾花园相比，这里的氛围就显得较为沉静。1859年，它作为农业园艺协会而成立。最值得一看的是兰花园中展示的兰科植物。新加坡是兰科植物的原产地，兰科的同类卓锦万代兰是新加坡的国花，这里有 1000 种原生、2000 种交配，总共达 6 万株植物。游人在园内一定能够找到自己喜欢的兰科植物。特别要关注的是"低温室"区域（cool house），其中集合了生长在亚洲、非洲、中南美热带高原云雾森林的兰科植物。这里的兰科植物，其培养环境湿度高、温度低，个人种植将十分困难。游人在这里能够尽情享受和欣赏其绽放的美丽。在同一个区域还展示有食虫植物猪笼草，能够一睹这种富有特征的植物。

地址：1 Cluny Rd
电话：65 6471 7138
开园时间：5 点—0 点
门票：免费
https://www.sbg.org.sg/

POINT
1

"卓锦万代兰"生长在新加坡。这个新加坡国花的命名来自发现者的名字。很希望能够在现场看到这个植物。

POINT
2

"国家兰花园"中有一个极具异国情调的大门，它由许许多多的文心兰装饰而成。

POINT
3

拥有 1000 种以上姜类植物的生姜园也是一处很吸引人的地方。美丽的姜花有很多种类，对花形进行辨别也是别有趣味。

进入大门，走在园内道路上，首先看到的是一个巨大的温室建筑。温室每半年会举办一次花卉展。

这里所展示的是花卉
展中的菊花和圣诞玫瑰。
配色艳丽、表现力强，十
分具有印度的民族特色。

这处印度的宫殿温室呈现给大家
一个具有异国情调的植物园

这个位于印度西南部的植物园，在 97 万平方米的占地面积中种植了超过 1000 种植物。园内最具人气的景点是温室。与欧洲宫殿式的温室建筑不同，与其说它是一座温室，不如说是一个玻璃凉亭。植物园一年有两次花卉展，届时温室会作为展示会场，并用花卉来装饰，其跃动的色彩如印度电影一样。然而，我所关注的是日本庭园。走过绘有龙和莲花的中国式大门，园内铺设着草坪，高低错落的台地上装饰着榕树等热带植物的盆栽。虽说全世界的人都很喜欢盆栽，但在欣赏了各国的盆栽后发现，作为日本文化载体的盆栽在海外的接受程度却并不乐观。广阔的山水里没有植物，其景象略显萧寂，通过这种寂静的环境来感知禅意，却是我喜欢的。

地址：Bengaluru, Karnataka
电话：91 80 2657 8184
开园时间：6 点—18 点
门票：10 卢比
http://www.horticulture.kar.nic.in/lalbagh.htm

POINT

1

这是从中国移植过来的木棉树。从其发达的枝干和根系可以感受到植物生命力的旺盛。

POINT

2

这是园内最具人气的喷泉。为什么最有人气呢？是因为它给人带来凉爽吗？一系列疑问引起了人们的好奇心。

园内流淌着雅芳河
（Avon River），游人可以
一边乘着小船顺流而下，
一边欣赏沿岸种植的植物。

133

温室里的绣球花、海棠花、
凤仙花等色彩鲜艳的园艺植物竞
相开放。

在雅芳河流淌的植物园中度过一个悠闲的下午

这处植物园于 1863 年建成，位于新西兰东南部中心城市克赖斯特彻奇。在占地 30 万平方米的范围里种植着跨越四季的园艺植物。园内流淌着雅芳河，顺流而下还能看到沿岸种植的新西兰特有植物，十分有趣。作为国徽形象的银蕨是蕨类的同类植物，也是该地区特有的。一般提到蕨类，往往给人的是一种朴素的形象，但是不要低估它。

喜欢植物的人往往以其开花的姿态和花色的搭配作为鉴赏标准，分为以花朵为主要样式和以花后面的绿叶作为主要样式两类，大多数支持后者的人往往喜欢那些叶片形状和花斑（白色纹样）独特的蕨类以及多肉植物。那些粉丝所追寻的蕨类植物，其主要类别都收集在温室的专属区域内。我十分想去亲眼目睹一下。

地址：Christchurch Central, Christchurch 8013
电话：03 941 8999
开园时间：7 点—（闭园时间根据季节变化调整）
门票：免费
http://www.ccc.govt.nz/parks-and-gardens/christchurch-botanic-gardens/

POINT **1**

在蕨类园中能看到地方性物种。新西兰生长的蕨类植物成了原住民毛利族的信仰对象。

POINT **2**

作为豆科植物的四翅槐树非常具有吸引力，其鲜艳的黄花是新西兰的国花，并做成了邮票的图样。

POINT **3**

这里的野生玫瑰园以及种植了园艺品种的迷你玫瑰园，盛开着超过 250 种玫瑰花。我想去现场比较一下这些不同种类玫瑰花的差异。

阿德莱德植物园

阿德莱德/澳大利亚

ADELAIDE BOTANIC GARDENS

这座维多利亚样式的"棕榈温室"十分漂亮，其中种植着霸王棕。它是由德国建筑师古斯塔夫·朗格设计的。

如教堂一般的温室
呵护着银绿色的棕榈树

这个位于澳大利亚南部的植物园，涵盖了30万平方米的广阔湿地。作为南半球最大的温室，其中的自然公园培育着这个国家特有的植物。这个气候干燥的地区定期会发生山林着火的事件，山茂樫则会在山火过后发芽。这里有许多这样当地特有的、有趣的植物。因此，在从世界各地植物园移植过来的植物中，和南非、欧洲周边的岛屿生长的植物相比，澳大利亚生长的植物更受关注。作为展示设施之一的维多利亚式棕榈温室，建筑物中央上空设置有彩绘玻璃，其蓝色与阿德莱德天空的颜色相呼应，在室内也能与外部的自然环境紧密联系，展现出一个不可思议的空间。庭园中央种植了被称为"霸王棕"的棕榈树，银色叶子向四周延伸，在日光沐浴下的空间，让人感受到神秘的氛围。

地址：North Terrace, Adelaide 5000
电话：61 8 8222 9311
开园时间：工作日7点15分、双休日9点—（闭园时间根据季节变化调整）
门票：免费
http://www.environment.sa.gov.au/botanicgardens/

POINT

1

在棕榈温室中能看到原产于马达加斯加的霸王棕，其银色的叶片十分美丽。该树体型巨大，叶片也有数米长，显得很壮观。

POINT

2

这是种植有大王莲等热带睡莲的"亚马孙睡莲亭"，其独特的百合叶造型建筑是植物园内极具人气的地方。

POINT

3

植物园中央有一个莲池。在丽达与天鹅的雕塑周围种植的鲜花一齐绽放，十分美丽。

Botanical garden

39

热川香蕉鳄鱼园

静冈/日本

ATAGAWA TROPICAL AND ALLIGATOR GARDEN

地址：静冈县贺茂郡东伊豆町奈良本 1253-10

电话：0557 23 1105

开园时间：8 点半—17 点 全年无休

门票：1500 日元

www4.i-younet.ne.jp/~wanien/index1.htm

这是我小时候最早参观的植物园。和其名字一样，这个特别的植物园主要展示的是鳄鱼和热带植物香蕉树。其位置所在的伊豆温泉地区有着十分复古的氛围，也有着"植物版藏宝馆"的趣味。整个园区由主馆、鳄鱼馆、植物园、分园所构成，也包括利用温泉地热的温室。其中最吸引人的是本馆温室中的热带睡莲厅。巨大的睡莲池被分割成方形，种植着超过 60 个品种，一年中都开有不同种美丽的花朵。园中设置有日本凤梨协会（我也是其中的会员）办公室。产于中南美的无土栽培植物铁兰也十分好看。一定要来看分园的花斑香蕉树（叶子中有白色纹样）。还要推荐冰激凌店所卖的用世界上最臭的水果榴梿做成的冰激凌。

Botanical garden

40

筑波实验植物园

茨城/日本

TSUKUBA BOTANICAL GARDEN

地址：茨城县翼市天久保 4-1-1

电话：029-851-5159

开园时间：9 点—16 点半 周一、岁末交替日休息

门票：310 日元

www.tbg.kahaku.go.jp/

作为日本国立科学博物馆的一个部门，这个植物园在 1976 年建成。在 14 万平方米面积的植物园里种植了超过 7000 种植物，其中 3000 种是对外展示的。这个以植物研究为目的的设施，与其用美丽来形容，不如说它用作标本植物园进行植物学习的功能更强大。也正是出于这一目的，每个植物都附上了名字标签。由其生长环境划分出九个区间，收集了不同的珍稀植物。在这里能看到生长在南非沙漠里的奇妙植物。考虑到那些难得看到的植物，园内的通告板会及时通告植物的开花讯息。2014 年，植物园展示了泰坦魔芋花，这个世界上最大且极臭的花引来了众多观众排队观看。这是迄今看到的同类花中体型最大、气味最强烈的品种。

封面照片	WIN-Initiative / Getty Images华盖创意
008-009	室町昌彦 / Afro
010	All Canada Photos / Afro
011. 1	©travelstock44 / Look-foto / amanaimages
011. 2, 3	Alamy / Afro
012-013	SIME / Afro
014	Alamy / Afro
015. 1, 2	SIME / Afro
015. 3	Anadolu Agency / Getty Images
016-017	SIME / Afro
018	Buyenlarge / Getty Images
019. 1, 2	Alamy / Afro
019. 3	Danita Delamont / Afro
020	Andria Patino / Afro
021. 1	robertharding / Afro
021. 2	Carolyn Cole / Getty Images
021. 3	George Rose / Getty Images
022	robertharding / Afro
023. 1	萱村修三 / Afro
023. 2	Universal Images Group / Afro
023. 3	Linda Ching / Getty Images
024-025	robertharding / Afro
026	Kike Calvo / Getty Images
027. 1	Dan Herrick / Getty Images
027. 2	Alamy / Afro
027. 3	Marco Aurelio / Getty Images
028	Kimie Shimabukuro / Getty Images
029	AGE FOTOSTOCK / Afro
030	Roger de la Harpe / Getty Images
031. 1	altrendo travel / Getty Images
031. 2	Alamy / Afro
031. 3	HEMIS / Afro
032上	Afro
032下	First Light Associated Photographers / Afro
034-035	Alamy / Afro
036	SIME / Afro
037. 1	HIDEKO TAZAWA / SEBUN PHOTO / amanaimages
037. 2	Alamy / Afro
038-039	SIME / Afro
040	Alamy / Afro
041. 1	robertharding / Afro
041. 2	Alamy / Afro
041. 3	HEMIS / Afro
042-043	Jose Fuste Raga / Afro
044	Prisma Bildagentur / Afro
045. 1	Alamy / Afro
045. 2	Marco Simoni / Afro
046-047	Jon Arnold Images / Afro
048-049	SIME / Afro
050-051. 2	Alamy / Afro
051. 3	Loop Images / Afro
052	Alamy / Afro
053. 1	REX FEATURES / Afro
053. 2	AGE FOTOSTOCK / Afro
053. 3	Alamy / Afro
054-055	伊东町子 / Afro
056-057	robertharding / Afro
058	Science Source / Afro
059. 1	Photononstop / Afro
059. 2	Alamy / Afro
059. 3	Christian Heeb / Afro
060	HEMIS / Afro
061	REX FEATURES / Afro
062	Afro
063. 1, 2	Alamy / Afro
064	Andy Williams / Getty Images
065. 1-3	Alamy / Afro
066-067	Ullstein bild / Afro
068	Sean Gallup / Getty Images
069	picture alliance / Afro
070	Alamy / Afro
071. 1	松尾纯 / Afro
071. 2	Ullstein bild / Afro
071. 3	Adam Berry / Getty Images
072-073	AGE FOTOSTOCK / Afro
074	Alamy / Afro
075. 1, 2	imagebroker / Afro
076	HEMIS / Afro
077. 1	SIME / Afro
077. 2-079	HEMIS / Afro
080-081. 1	CuboImages / Afro
081. 2	HEMIS / Afro
081. 3	Tatyana Tomsickova Photography / Getty Images
082	Alamy / Afro
083. 1	CuboImages / Afro
083. 2	作者拍摄
083. 3-085	Alamy / Afro
086	HEMIS / Afro
087. 1	Alamy / Afro
087. 2	Angelafoto / Getty Images
088-090	HEMIS / Afro
091. 1	Rudy Sulgan / Corbis / amanaimage
091. 2	Erwin Zueger / Afro
091. 3	Imagno / Getty Images
092-093	AGE FOTOSTOCK / Afro
094	Alamy / Afro
095. 1	ZambeziShark / Getty Images
095. 2	Martin Harvey / Getty Images
095. 3	石井正孝 / Afro
096上	伊东町子 / Afro
096下	AGE FOTOSTOCK / Afro
098-100	角田展章 / Afro
101. 1	编者拍摄
101. 2	arc image gallery / amanaimages
101. 3	小早川渉 / Afro
102-103	12月 / Afro
104	Claire Takacs / Getty Images
105. 1	椿雅人 / Afro
105. 2	市场绅太郎 / Afro
105. 3	12月 / Afro
106-109	高知县立牧野植物园
110-113	兵库县立花卉中心
114-115	日野东
116	エムオーフォトス / Afro
117. 1	箱根涅地花园
117. 2	エムオーフォトス / Afro
117. 3	箱根涅地花园
118	Alamy / Afro
119	Universal Images Group / Afro
120-121. 2	Alamy / Afro
121. 3	水口博也 / Afro
122-123	高桥晓子 / Afro
124	Maurizio Rellini / SIME
125	福冈将之 / Afro
126	SIME / Afro
127. 1	井泽淳 / Afro
127. 2	Cultura Creative / Afro
127. 3	福冈将之 / Afro
128-129	SIME / Afro
130	Steve Vidler / Afro
131. 1	Kimberley Coole / Getty Images
131. 2	Jon Arnold Images / Afro
131. 3	HEMIS / Afro
132-134	Dinodia Photo / Afro
135. 1	Alamy / Afro
135. 2	Dinodia Photo / Afro
136-137	Alamy / Afro
138	Robin Bush / Getty Images
139. 1	HEMIS / Afro
139. 2	Alamy / Afro
139. 3	后藤昌美 / Afro
140	HEMIS / Afro
141. 1	Alamy / Afro
141. 2	Kylie McLaughlin / Getty Images
141. 3	Alamy / Afro
142上	山口淳 / Afro
142下	个人拍摄

BEAUTIFUL BOTANICAL GARDEN IN THE WORLD
© MISAKI KIYA & TAKAHISA MORITA 2016
Originally published in Japan in 2016 by X-Knowledge Co., Ltd.
Chinese (in simplified character only) translation rights arranged with
X-Knowledge Co., Ltd.
Simplified Chinese edition copyright © 2018 Zhejiang Photographic Press
All rights reserved.
浙江摄影出版社拥有中文简体版专有出版权，盗版必究。

浙江省版权局
著作权合同登记章
图字：11-2018-254 号

责任编辑 林味熹
文字编辑 谢晓天
责任校对 朱晓波
责任印制 朱圣学

图书在版编目 (CIP) 数据

世界绝美植物园 /（日）木谷美咲著 ；周功钊译
. — 杭州 ：浙江摄影出版社，2018.8
ISBN 978-7-5514-2167-6

Ⅰ . ①世… Ⅱ . ①木… ②周… Ⅲ . ①植物园—介绍
—世界 Ⅳ . ① Q94-339

中国版本图书馆 CIP 数据核字 (2018) 第 090604 号

SHIJIE JUEMEI ZHIWUYUAN
世界绝美植物园

[日] 木谷美咲 著
　　　周功钊 译

全国百佳图书出版单位
浙江摄影出版社出版发行
　　　地址：杭州市体育场路 347 号
　　　邮编：310006
　　　电话：0571-85170300-61014
　　　网址：www.photo.zjcb.com
经销：全国新华书店
制版：杭州真凯文化艺术有限公司
印刷：浙江影天印业有限公司
开本：710 mm×1000 mm 1/16
印张：9
2018 年 8 月第 1 版　2018 年 8 月第 1 次印刷
ISBN 978-7-5514-2167-6
定价：48.00 元